DAS
NEUROAFFEKTIVE
BILDERBUCH

Marianne Bentzen

DAS NEUROAFFEKTIVE BILDERBUCH

Illustrationen Kim Hagen und Jakob Worre Foged

NAP Books

Veröffentlichung der dänischen Originalausgabe Hans Reitzels Forlag, Kopenhagen. Deutsche Übersetzung nach der englischen Übersetzung aus dem Dänischen von Susan Scharwiess und Dorte Herholdt: Silvia Autenrieth.

ISBN 978-1-78222-444-0

Satz und Layout: Into Print
www.intoprint.net
+44 (0)1604 832149

Druck und Bindung in GB und USA: Lightning Source
Das Buch verwendet FSC°-zertifiziertes Papier

ECO Credentials
Lightning Source has received Chain of Custody (CoC) certification from:
The Sustainable Forestry Initiative° (SFI°).
The Forest Stewardship Council™ (FSC°)
Programme for the Endorsement of Forest Certification™ (PEFC™)

Chain of Custody (CoC) is an accounting system that tracks wood fiber through the different stages of production: from the forest, to the mill, to the paper, to the printer and ultimately to the finished book.
For further detailed information please visit:
http://lightningsource.com/ChainOfCustody/

Inhalt

Einleitung 7

Kapitel 1
Gehirn, Interaktion und Persönlichkeitsentwicklung 9

Kapitel 2
Die proximale Entwicklungszone 12
    Die drei Zonen nach Vygotsky 13

Kapitel 3
Evolution und Reifung des dreieinigen Gehirns 15
    Die neuroaffektiven Kompasse 16

Kapitel 4
Das Reptiliengehirn und unser autonomes Nervensystem 18
    Der Reifungsprozess des Reptiliengehirns: der Sitz der autonomen
        Wahrnehmung 22
    Orientierung in Entwicklungsprozessen mit Hilfe des autonomen Kompasses . . 24
    Sensorische Synchronisation: Körperwahrnehmungen, Spiegeln,
        Resonanz und Regulation 28

Kapitel 5
Das alte Säugetiergehirn und unser limbisches System 30
    Der Reifungsprozess des alten Säugetiergehirns: der Sitz der Gefühle 33
    Orientierung in Entwicklungsprozessen mit Hilfe des limbischen Kompasses . . 38
    Emotionale Einstimmung: zwischenmenschliche 'Chemie' und
        Interaktionsgewohnheiten 42

Kapitel 6
Das Primatengehirn und unser präfrontaler Kortex 44
    Der Reifungsprozess des Primatengehirns: der präfrontale Kortex als Sitz der
        Mentalisierung 50
    Orientierung in Entwicklungsprozessen mit Hilfe des präfrontalen
        Kompasses 54
    Das dialogische Prinzip bei der Mentalisierung: Selbstbild, Erleben
        anderer und Reflexion 58

Fazit 61
Literaturhinweise 63

Einleitung

Warum ausgerechnet ein *Bilderbuch* (genauer: ein *Comic*) zur Entwicklungstheorie und dem menschlichen Gehirn?

In der Neurowissenschaft vermutet man, dass ein Großteil unseres Bewusstseins und unserer Interaktionen mit anderen nonverbaler Natur ist. Organisiertes Lernen und Psychotherapie jedoch sind paradoxerweise primär verbal orientiert. Dieser Umstand motivierte mich, die elementaren Grundzüge der Persönlichkeitsentwicklung so darzulegen, dass nonverbale Erfahrungen und in Worte fassbares Wissen gleichermaßen angesprochen werden.

Bei einer optimal verlaufenden Persönlichkeitsentwicklung werden die beteiligten Prozesse in unserem physischen, emotionalen und nonverbalen Selbst durch Sprache unterstützt und finden gleichzeitig Eingang in sie. Leider hat das verbale Bewusstsein bei vielen von uns auf zentralen Gebieten unseres Lebens den Kontakt mit unserer nonverbalen Dimension verloren.

Die tiefreichenden wechselseitigen Verflechtungen zwischen den nonverbalen und verbalen Dimensionen unseres Bewusstseins und unserer Interaktionen sind grundlegend für die Grundpfeiler der neuroaffektiven Persönlichkeitsentwicklung, die von der Psychologin Susan Hart und mir in einer Reihe von Büchern und Fachartikeln in unserer Muttersprache, Dänisch, dargelegt wurden. In englischer Sprache können wir leider nur wesentlich weniger Literatur anbieten [und bislang gar keine in deutscher Sprache – Anm. d Übers.]. Wer sich jedoch für die Theorie, Untersuchungen und Modelle interessiert, die in diese Arbeit eingeflossen sind, findet am Ende des Buches eine kleine Aufstellung von englischsprachiger Literatur. Um der besseren Lesbarkeit willen wurden Fußnoten im Text hier unterlassen.

Neugier und Spiel sind zentrale Bestandteile des Lernens. Und so hoffe ich, dass Kim Hagens und Jakob Worre Fogeds beschwingte Illustrationen dazu beitragen werden, einige in Vergessenheit geratene Verbindungen zwischen verbaler und nonverbaler Bewusstseinsebene neu zu knüpfen.

Viel Vergnügen!

Juli 2015
Marianne Bentzen

KAPITEL 1

Gehirn, Interaktion und Persönlichkeitsentwicklung

Die meisten von uns haben die Vorstellung, unser Gehirn sei eigentlich primär zum *Denken* da und dazu, *rationale Entscheidungen* zu treffen. Daher stellen viele Bildungs- und Problemlösungsansätze im 20. Jahrhundert Versuche dar, uns zu möglichst rational abwägenden Wesen zu machen. Nach Untersuchungen an Hirngeschädigten, denen die Verbindung zwischen dem rationalen Denken und ihrem Verhalten abhandengekommen war, wurde Forschern jedoch klar, dass selbst bei Menschen mit einem normal funktionierenden Gehirn eines vom anderen abgekoppelt sein konnte.

Die Neurowissenschaftler erkannten, dass wir unser Gehirn unablässig dazu einsetzen, zu *spüren* und zu *fühlen*, und dass unsere Fähigkeit, klare Gedanken zu fassen, vernünftig zu handeln und in unserem Leben gute Beziehungen zu führen, ohne Kontakt mit unseren Gefühlen und körperlichen Wahrnehmungen gründlich aus den Fugen gerät.

Jemand mag problemlos vernünftige und rationale Entscheidungen *für andere* treffen können. Er kann etwa einem Freund bei einem Casinobesuch den guten Rat geben, auf sein Geld aufzupassen – und gleichzeitig selbst solange weiterspielen, bis er keinen Cent mehr in der Tasche hat.

Spüren und Fühlen ist etwas, das wir schon gleich nach unserer Geburt zu erlernen beginnen. Wir lernen es durch Kontakt, Imitation und Umsorgtwerden. Der zwischenmenschliche emotionale Austausch bildet die Basis der Persönlichkeitsentwicklung. Hierbei spielt ein interaktiver Reifungsprozess eine Rolle: eben jene *neuroaffektive Entwicklung*, die Thema dieses Buches ist.

Emotionale Reifung ist ein Lernprozess. Die Fähigkeit, über Bewegungen und Gefühle etwas mit anderen zu teilen, will ganz genauso gelernt sein wie etwa das Sprechen. Letztlich handelt es sich dabei um eine Art von präverbaler 'Sprache'.

Die Fähigkeit, mit anderen über Mimik, körperliche Bewegungen und Gefühle zu kommunizieren, ist eine Art von 'Sprache vor der Sprache'.

Wir alle kommen mit der Fähigkeit auf die Welt, sprechen zu lernen, auch wenn wir bei unserer Geburt noch keine Worte bilden oder verstehen können. Ebenso bringen wir die Fähigkeit mit, den Unterschied zwischen Behagen und Unbehagen zu erkennen, Zugehörigkeit zu empfinden, Fürsorge und Liebe zu empfangen und zu schenken und Gefühle anderer zu verstehen. Wir sind zumindest mit den Voraussetzungen ausgestattet, all diese Fähigkeiten zu erwerben. Die 'Sprache vor der Sprache' jedoch erwerben wir nur, wenn wir sie auch mit anderen 'sprechen'.

Wir kommen nicht mit fertigen Gefühle und Gedanken ausgestattet auf die Welt, ebenso wie wir bei unserer Geburt noch keine voll ausgebildete Sprachkompetenz mitbringen.

KAPITEL 2
Die proximale Entwicklungszone

Wie also erlernen wir die Sprache vor der Sprache? Wie lernen wir überhaupt irgendetwas Neues? Der russische Kinderpsychologe Lev Vygotsky stellte fest, dass natürliches Lernen in einem Rahmen stattfindet, den er *proximale Entwicklungszone* nannte. De facto können Kinder wie auch Erwachsene nur innerhalb ihrer proximalen Entwicklungszone gut lernen: auf einem Anspruchsniveau, wo es gleichzeitig Spaß macht und fordert, eine Lernaufgabe zu bewältigen und wo gewisse Erfolgsaussichten bestehen.

Die proximale Entwicklungszone baut auf dem auf, was wir bereits gelernt haben und können und fügt ihm zusätzliche Elemente hinzu.

Vygotsky unterschied einerseits zwischen diesem Bereich, in dem Wachstumspotenzial besteht, und dem Gebiet des Vertrauten und bereits Beherrschten andererseits. Mit dem, was wir bereits können und meistern, fühlen wir uns sicher, aber gleichzeitig kann das Altvertraute auch langweilen, weil es uns zu wenig fordert. In unserer weiteren Entwicklung kommen immer mehr Fähigkeiten zusammen, die wir schon meistern (Zone der Meisterschaft). Was für uns heute noch zu entwickelndes Potenzial ist und geübt werden will, werden wir morgen, in einem Monat oder vielleicht in zehn Jahren beherrschen. Aber so viel wir auch hinzulernen – es wird auch immer Dinge geben, die einfach zu schwer für uns sind.

Ein Kleinkind kann nicht lesen lernen. Ein Erwachsener, der zum ersten Mal auf dem Fahrrad sitzt, sollte nicht gleich für die nächste Woche eine Tour mit dem Mountainbike planen.

Die drei Zonen nach Vygotsky

Zone der Meisterschaft   **Proximale Entwicklungszone**   **Zone jenseits der Möglichkeiten**

Projekte, mit denen wir noch überfordert sind, liegen *außerhalb unserer proximalen Entwicklungszone*, sie grenzen noch nicht an das, was wir bereits können. So weit, so gut, wenn es um Lesen und Radfahren geht. Was wir aber leicht vergessen, das ist, dass es bei der neuroaffektiven Entwicklung auch nicht anders abläuft. Und so geben Menschen einander Ratschläge, die man durchaus damit vergleichen kann, von einem völligen ungeübten Radler zu verlangen, sich einfach ein Mountainbike zu besorgen und einen richtig steilen Berg in Angriff zu nehmen. "Reg dich doch nicht über solchen Kleinkram auf", sagen wir dann zu der gestressten Kollegin. Oder: "Dann nippe eben nur kurz am Wein und konzentriere dich auf den Genuss" zu dem Freund, der gerade bekannt hat, er habe seinen Alkoholkonsum nicht mehr im Griff.

Wenn eine Aufgabe zu schwer ist und wir an ihr scheitern, geben wir oft auf und ziehen uns wieder auf vertrautes Terrain zurück. Wir wenden uns dem zu, was wir schon sicher beherrschen, mitsamt der Sicherheit und Langeweile, die es bedeutet, sich hierauf zu beschränken. Wir legen geistig die Füße hoch und machen es uns bequem. Sich zu überfordern, schadet im Endeffekt also oft mehr als es nutzt.

Wenn wir mental zur Couch Potato werden, stellen wir uns keinen Herausforderungen mehr und lernen nichts dazu.

Wenn es um psychologische Reifungsprozesse geht, neigen wir immer wieder dazu, zu viel zu wollen. So sind wir noch weit davon entfernt, klare *Gefühle* entwickelt zu haben und verlangen schon von uns selbst (und anderen), klare *Gedanken* fassen zu können. Aber es gibt bei der emotionalen Entwicklung bestimmte Schritte, die man nicht einfach überspringen oder auslassen kann. Untersuchungen haben zudem gezeigt, dass wir aus emotionalen Fähigkeiten wie Imitation und emotionaler Resonanz, die schon ganz früh entstehen und am elementarsten sind, nie herauswachsen. Vielmehr bilden sie die Basis der präverbalen Kommunikation, der 'Sprache vor der Sprache', die wir in unserem Alltag bis heute tagtäglich gebrauchen. Babys lernen sprechen, indem wir mit ihnen plappern oder uns in Babysprache mit ihnen unterhalten – wir haben Blickkontakt, sie imitieren uns so gut sie können, und wir wiederum machen sie möglichst treffend nach.

Koordination mit dem Gegenüber und emotionale Resonanz entstehen durch möglichst gute spielerische Nachahmung. Der psychologische Reifeprozess hat nichts von verbissenem Lernen.

KAPITEL 3

Evolutionäre Entwicklung und Reifung des dreieinigen Gehirns

Prof. Paul MacLean war mehr als fünfzig Jahre lang in der Hirnforschung aktiv. Dabei entwickelte er ein Modell des menschlichen Gehirns, das Bewusstsein und Fähigkeiten des Menschen mit Bewusstsein und Fähigkeiten im restlichen Tierreich vergleicht. MacLeans Modell zufolge untergliedert sich das menschliche Gehirn im Wesentlichen in drei Entwicklungsebenen. Die erste entspricht funktionell der des Reptiliengehirns, die zweite dem Gehirn von Säugetieren wie Katze oder Pferd, und die zuletzt hinzugekommene ähnelt vom Aufbau her dem Gehirn höherer Säugetiere wie etwa dem von Menschenaffen. Im Gehirn des erwachsenen Menschen sind diese Ebenen über Hunderte Millionen Nervenzellen verbunden.

Altes Säugetiergehirn

Neues Säugetiergehirn

Reptiliengehirn

Nur etwa 25 Prozent unseres Gehirns, primär die Reptilienebene, sind bereits bei unserer Geburt aktiv und über neuronale Schaltkreise verbunden. Der Rest reift durch unsere Interaktionen mit den Menschen um uns herum heran. Was bedeutet, dass das Gehirn eines jeden neuen menschlichen Individuums wieder andere Dinge lernt, auch wenn menschliche Gehirne bei ihrem Reifungsprozess generell die gleiche Sequenz durchlaufen. Im Alter von drei Monaten ist unser *Reptiliengehirn*, bestehend aus autonomem Nervensystem, Stammhirn und parietalem Kortex, das die elementare Lebensenergie und die Körperempfindungen reguliert, in vollem Umfang aktiv. Etwa im Alter von acht Monaten ist das *alte Säugetiergehirn*, nämlich das limbische System und der temporale Kortex, also das Areal, das für emotionale Interaktionen und Erwartungen zuständig ist, voll funktionsfähig. Das *neue Säugetier- oder Primatengehirn* nimmt etwa im Alter von neun Monaten, mit dem Heranreifen des beim Menschen sehr ausgeprägten präfrontalen Kortex, von dem die bewusste Impulskontrolle ausgeht, seine Tätigkeit auf. Vollständig entwickelt ist es erst etwa zwanzig Jahre später, beim jungen Erwachsenen. Verläuft die Entwicklung normal, so entsteht zwischen diesen drei großen Hirnregionen und ihren Aufgaben im Laufe der ersten zwei bis drei Lebensjahrzehnte eine fein abgestimmte Integration, und der präfrontale Kortex entwickelt die Fähigkeit zur *Mentalisierung*. Hierzu gehört auch das Vermögen, sich in die Gefühle anderer hineinzuversetzen und sich selbst mit freundlich-objektivem Blick sehen zu können. Ein Vorgang, der gelegentlich als 'sich selbst von außen und andere von innen betrachten' beschrieben wurde.

Soweit eine kurze Einführung in die Entwicklung des Gehirns und der Persönlichkeit sowie in das dreieinige Gehirn. In den nachfolgenden Kapiteln soll ein Modell skizziert werden, das die Psychologin Susan Hart und ich 2010-12 entwickelt haben, um für uns selbst und andere eine detailliertere funktionelle Landkarte des dreieinigen Gehirns an die Hand zu bekommen. Es kann helfen, die jeweilige proximale Entwicklungszone bei Erwachsenen wie auch Kindern zu ermitteln: *das neuroaffektive Kompassmodell*. Für jede Ebene des dreieinigen Gehirns (jede neuroaffektive Ebene) existiert dort ein eigener neuroaffektiver Kompass. Dieser verschafft einen Überblick über einige der wichtigsten mentalen Prozesse auf der jeweiligen Ebene.

Die neuroaffektiven Kompasse

Die nächsten drei Kapitel befassen sich jeweils mit einer der Ebenen des dreieinigen Gehirns, und zwar in der Reihenfolge ihrer Entwicklung:

1. Autonom-sensorische Ebene einschließlich des elementaren Energiemanagements und der Körperempfindungen
2. Limbisch-emotionale Ebene einschließlich der emotionalen Interaktionserwartungen
3. Präfrontale Mentalisierungsebene einschließlich mentaler Steuerungsmuster und Mentalisierung (Reflektieren über eigene mentale und emotionale Zustände und die anderer).

In jedem Kapitel betrachten wir kurz die Kompetenzen, die bei ausgewogenen Verhältnissen auf einer Ebene entstehen können. Daneben werfen wir einen Blick auf die Stressmuster, die bei Überforderung zustande kommen. Anschließend ordnen wir die Gesamtheit dieser Erfahrungen in den neuroaffektiven Kompass für die jeweiligen Ebene ein und schließen mit einigen Fragen, die helfen könne, die jeweiligen Muster bei uns selbst und anderen zu erkennen.

Präfrontaler Kompass
Mentale Steuerungsmuster und Mentalisierung

Limbischer Kompass
Emotionale Interaktionserwartungen

Autonomer Kompass
Energiehaushalt und Körperempfindungen

Das Reptiliengehirn und unser autonomes Nervensystem

Wir Menschen teilen eine Menge grundlegender Lebensfunktionen und Impulse mit Reptilien wie Schlangen und Eidechsen. Biologische Rhythmen wie Atmung, Verdauung und Biorhythmen sind auf dieser Ebene organisiert. Zu den sonstigen Impulsen und Trieben des Reptiliengehirns beim Erwachsenen gehören:

Der Suchimpuls, demzufolge unsere Sinne und unsere Neugier uns auf die Suche nach Nahrung ...

oder vielleicht einem Sexpartner schicken.

Auch der Kampfimpuls wird vom Reptiliengehirn aktiviert, …

… ebenso wie der Unterwerfungsimpuls …

und der Fluchtimpuls …

sowie das Kollabieren oder die Erstarrungsreaktion, die mehr oder weniger heftig ausfallen kann.

Eine in der Evolution erst später hinzugekommene Stressreaktion entsteht durch Abhängigkeit. Wenn unser Überleben von anderen abhängt, können Gewalt und Vernachlässigung eine Reaktion auslösen, die unser Überleben sichern soll und die man als Sich-Anbiedern bezeichnen könnte: wir klammern uns verzweifelt an den Gewalttäter.

Gleichzeitig haben wir Menschen unseren Tag-Nacht-Rhythmus, den wir mit den Reptilien teilen. Wir erleben Zyklen, in denen wir Ruhe, Geborgenheit, körperliche und seelische Nahrung brauchen und solche, in denen Aktivität angesagt ist. Sie verflechten unser Tun und Treiben mit den Rhythmen unserer Umgebung.

Der Reifungsprozess des Reptiliengehirns: der Sitz der autonomen Wahrnehmung

Wir erleben *vom autonomen Nervensystem (ANS), Stammhirn* und *Mittelhirn* ausgehende Prozesse und Signale als *körperliche Empfindungen, Aufmerksamkeitsschwenks* und *Bewegungsimpulse*. Entstehungsort der Fähigkeit, all diese körperlichen Signale *wahrzunehmen* und unsere Aufmerksamkeit abwechselnd auf innerlich und äußerlich Erlebtes zu lenken, ist der im hinteren oberen Kopfbereich gelegene *parietale Kortex*. Gemeinsam organisieren die genannten Regionen die *autonome Regulation und Körperwahrnehmungen*. In den 1980er Jahren entdeckte Dr. Harry Chugani anhand von Hirnszintigrafien, dass diese Areale bereits in den ersten drei Lebensmonaten den 'Betrieb aufnehmen'. Ungefähr zur selben Zeit entwickelt das Kind Fähigkeiten in Richtung einer autonomen Interaktion mit seinen Eltern, auf die es für den gesamten Rest seines Lebens zurückgreifen wird. Wir untergliedern diese Entwicklung in drei Reifeschritte.

Erster Schritt: Unser autonomes Nervensystem reift heran, indem andere uns helfen, unsere Erregung zu regulieren. Das Neugeborene lernt, dass Mama es mit Nahrung versorgt, wenn es Hunger hat und es in den Schlaf wiegt, wenn es müde ist. Es lernt, dass Mama und Papa ganz leise sind, wenn sie es nachts stillen, ihm das Fläschchen geben oder auch die Windel wechseln, während sie es tagsüber zum Spielen animieren. So lernen wir zum einen, dass sich Tagesabläufe nach bestimmten Mustern richten und zum anderen, dass wir davon ausgehen können, dass unsere Bedürfnisse erfüllt werden.

Sichere und verlässliche Interaktionsrhythmen sind der erste Schritt zur Entwicklung von Flexibilität, ohne in Chaos zu versinken.

Zweiter Schritt: Aufmerksame wechselseitige Beobachtung und Nachahmung sind die elementarste Form zwischenmenschlicher Interaktion. Erst nachdem die Erwachsenen in seinem Umfeld das Baby viele Male auf etwas aufmerksam gemacht und sein Interesse länger gefesselt haben, lernt es, sich eigenständig auf etwas zu konzentrieren und aus eigenem Antrieb 'bei der Stange zu bleiben'.

Dritter Schritt: Rhythmische Synchronisation ist der Tanzrhythmus, der alle menschlichen Interaktionen durchzieht. Schon Neugeborene sind ganz wild auf völlig vorhersehbare und synchronisierte Reaktionen anderer und nehmen sie aufmerksam wahr. Ebenfalls von Geburt an können wir Vorlieben und Abneigungen erkennen und ausdrücken.

Orientierung in Entwicklungsprozessen mit Hilfe des autonomen Kompasses

Um autonome Prozesse im Überblick darlegen zu können, wurden sie von Susan Hart und mir in einen Kompass eingeordnet, den wir den *autonom-sensorischen Kompass* nennen. Die vertikale Achse drückt den Erregungsgrad aus (das Energieniveau), die Pole dagegen das Ausmaß an *Aktivität* oder *Passivität* – d. h., ob die Energie 'voll da' oder 'gedämpft' ist. Die horizontale Achse ist die *hedonische* Achse, die das Maß von Lust oder Vergnügen anzeigt, mit *Behagen* und *Unbehagen* als äußersten Polen. Sie zeigt an, inwieweit uns das Erlebte körperlich *zusagt* oder *gegen den Strich geht*.

Die Achsen des autonomen Kompasses

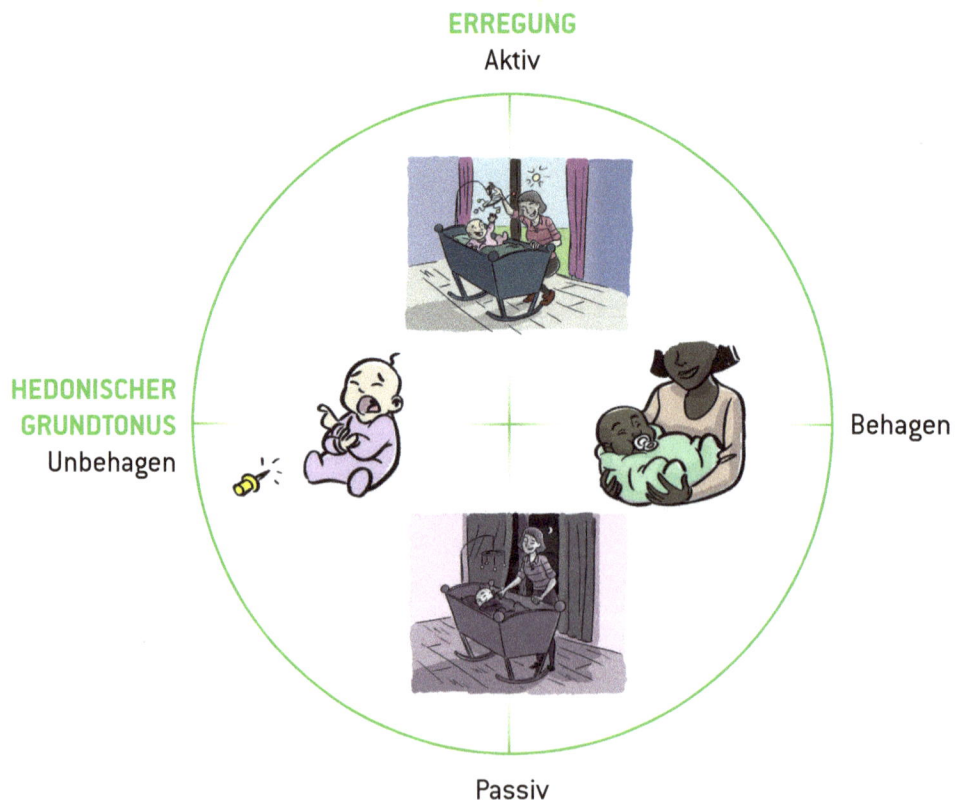

ERREGUNG
Aktiv

HEDONISCHER GRUNDTONUS
Unbehagen

Behagen

Passiv

Der Kompass untergliedert sich in vier Quadranten, in die jeweils die entsprechenden Erfahrungen und Reaktionen eingeordnet werden. *Aktivität* kann im Erleben sowohl mit *Behagen* als auch mit *Unbehagen* verknüpft sein, das gleiche gilt für *Passivität*. Die vier Quadranten zeigen unsere elementaren autonomen Reaktionen auf körperliche

Empfindungen und auf Interaktionen. Ist die autonome Ebene gut entwickelt, so ist der Organismus mit vielen Abstufungen dieser vier Zustände vertraut und kann recht problemlos von einem zum anderen wechseln.

Der Kreis in der Mitte der Abbildung gegenüber zeigt geläufige Zustände des Behagens und Unbehagens, die den meisten bekannt sein dürften. Sie begleiten uns von frühester Kindheit unser ganzes Leben. Allerdings können Stress und Traumen Störungen im System bewirken und es erschweren, seelisch im Gleichgewicht zu bleiben. In manchen Fällen haben Erwachsene und Kinder vielleicht auch noch keine Gelegenheit gehabt, diese alltäglichen Reaktionsmuster zu entwickeln. Sie stecken geraume Teile ihrer Lebenszeit in den Stressmustern fest, die in den vier Rechtecken der Abbildung unten skizziert werden. Man kann sagen, dass die Betroffenen 'aus dem Kompass herausgefallen' sind und Hilfe brauchen, wieder in die gesunden Zustände im Kompassinneren zurückzufinden.

Die Grafik skizziert die verschiedenen Reaktionsmuster zunächst einmal in Stichworten, während die Illustration auf der folgenden Doppelseite die Grundmuster in Form von Bildern darstellt.

Erregungsregulierungsachse

Kampf, Flucht, Hypervigilanz, Anbiedern

Übersteigerte Begeisterung, Manie

Aktiv

kurze Alarmiertheit oder Hyperaktivität, Verteidigungs-/Schutzreaktion, Rückzug, beschwichtigendes Lächeln

Neugier, Vitalität, Engagement, freudige Aufregung, Spiegeln

Hedonische Achse

Unbehagen

Behagen

Antriebslosigkeit, Passivität, kurze Erstarrung oder Betäubtheit

Entspannung, Ruhe, Kuschelbedürfnis

Hilflosigkeit, Unterwerfung, anhaltende Erstarrung, anaklitische Depression

ruhige, angenehme Trancezustände, extreme Neigung zu Tagträumen, Narkolepsie

Passiv

Energiezustände und körperliche Reaktionen im autonomen Kompass

Aktiv

Unbehagen

Passiv

Aktiv

Behagen

Passiv

Sensorische Synchronisation: Körperwahrnehmungen, Spiegeln, Resonanz und Regulation

Alles, was geschieht, ob in unserem eigenen Körper oder um uns herum, *spüren* wir in unserem Körper, über das autonome System. Körperlich spüren zu können ist unabdingbar für unsere *Fähigkeit zur somatischen Interaktion*, zu der Aufmerksamkeit, Spiegeln, Resonanz und *Impulse* gehören, uns an andere zu wenden, um Fürsorge zu erfahren, Bedürfnisse erfüllt zu bekommen und getröstet zu werden. Diese Fähigkeiten lassen sich auf gewisse Weise ebenso kultivieren wie unsere Musikalität, nur dass wir nicht einfach *die Wahl treffen* können, sie zu entwickeln, da tiefe Spiegelungs- und Synchronisationsprozesse unterhalb der Bewusstseinsschwelle ablaufen. Die gesamten Urformen von Kontakt, Aufeinander-Eingehen und Vertrauen entstehen in den tiefsten Schichten aufeinander abgestimmter Interaktionen. Um andere auf dieser Ebene bei ihrer Entwicklung zu begleiten, müssen wir zunächst einmal in der Lage sein, diese Zustände selbst zu spüren und uns in ihnen zu orientieren, bevor wir andere zum 'Mitmusizieren' einladen.

Wer die autonome Spürebene näher ergründen möchte, kann zunächst einmal überprüfen, wo im Kompass er sich wiederfindet. Überlegen Sie zum Beispiel, welche Zustände in den Quadranten des großen Kompasses auf der vorherigen Doppelseite Ihnen bekannt vorkommen.

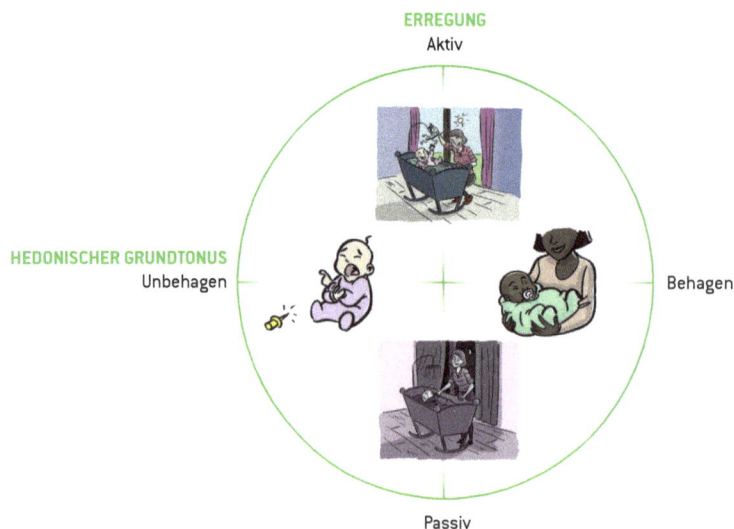

ERREGUNG
Aktiv

HEDONISCHER GRUNDTONUS
Unbehagen

Behagen

Passiv

Wer systematischer vorgehen möchte, könnte bei den Achsen beginnen. Greifen Sie vielleicht eine bestimmte Situation heraus und überlegen Sie sich, welche Elemente Sie dort antreffen und ob welche fehlen. Ist die Situation eher mit Behagen oder eher mit Unbehagen verbunden (angenehm oder unangenehm)? Ist Ihr Energiepegel hoch oder niedrig? Was spüren Sie im Körper, das Ihnen diese Signale vermittelt?

Autonom-sensorische Prozesse:

Es folgen einige Fragen, die beim Ergründen des autonomen Kompasses helfen können:

1. War meine Erregung (mein Energieniveau) hoch, niedrig oder mittelstark?

2. Habe ich mehr Behagen oder mehr Unbehagen wahrgenommen? (hedonische Achse, Grad des Behagens/Unbehagens)

3. In welchem Zustand (Quadranten) befand ich mich?

4. Konnte ich mein Gegenüber spüren? Habe ich Elemente von Spiegeln und Resonanz wahrgenommen?

5. Fühlte sich mein Gesicht lebendig an und spiegelte es mein 'Bauchgefühl'?

6. Gibt es bestimmte Dinge, die ich oft tue, wenn ich mich so fühle?

7. Was würde sich als kleiner Schritt oder als kleine Veränderung (proximale Entwicklungszone) anbieten, wenn ich an diesem Zustand etwas ändern will?

KAPITEL 5

Das alte Säugetiergehirn und unser limbisches System

Das alte Säugetiergehirn, unser limbisches System, entstand vor etwa 250 Millionen Jahren mit dem Aufkommen der ersten Säugetiere. Noch heute erleben wir es im spontanen Verhalten von Katze und Hund. Das limbische System besteht aus diversen Strukturen, die sich um das Reptiliengehirn herumgelegt haben. Diese uralte Säugetierschicht ist also der Ursprung unserer Gefühle und dessen, was emotional zwischen Menschen abläuft – etwa die so genannte 'Chemie' zwischen zwei Menschen. Hier sind auch unsere emotionalen Erfahrungen mit anderen und unsere Interaktionsgewohnheiten beheimatet, die wiederum bestimmte Erwartungen in uns erzeugen, wie Interaktionen und Beziehungen ablaufen werden.

Von Geburt an verinnerlichen wir emotionale Erfahrungen, die wir durchlaufen: zuerst mit unseren Eltern, später mit Spielgefährten und noch später dann mit Jugendlieben, Partnern und eigenen Kindern. Diese emotionalen Erfahrungen fungieren als eine Art von unbewusstem Attraktor und ziehen in unserem Leben geradezu magnetisch die Formen von Interaktion an, die uns vertraut sind. Sofern die Art von Interaktion, die wir gewohnt sind, unseren Wünschen entspricht, ist dagegen nichts einzuwenden. Leider aber zieht dieser Attraktor selbst dann noch das an, was uns vertraut ist, wenn es um etwas geht, was wir wirklich nicht wollen oder brauchen. Zum Glück aber sind wir lebenslang in der Lage, neue Interaktionsmuster und -gewohnheiten zu erlernen. Hier einige der häufigsten Gewohnheiten und Erwartungen im Hinblick auf den Umgang mit anderen:

Wir erleben Vorfreude angesichts der Erwartung, dass unsere Bedürfnisse erfüllt werden …

All das sind innere Zustände, die entstehen können, wenn unsere Aufmerksamkeit auf uns selbst gerichtet ist. Ist der Fokus auf anderen, entsteht wieder ein anderes Spektrum von Erfahrungen.

Vielleicht kreist aber auch alles zu sehr um die Befriedigung unserer eigenen Bedürfnisse und darum, zu zeigen, dass keiner uns das Wasser reichen kann. Die Bedürfnisse anderer geraten dabei aus dem Blick.

Bei emotionalem oder körperlichem Schmerz vertrauen wir vielleicht darauf, dass andere uns helfen …

… doch seltsamerweise kann es auch sein, dass wir uns schrecklich fühlen und nach Hilfe sehnen, und dennoch wehren wir sie ab, weil wir uns nicht vorstellen können oder vorzustellen wagen, dass sie uns irgendetwas bringt …

Vielleicht erwarten wir, dass der andere sich über etwas freut, das wir ihm geben oder bei dem wir ihm helfen …

Doch selbst mit dem Wunsch, anderen Gutes zu tun, ihnen zu helfen, es ihnen recht oder ihnen eine Freude zu machen, können wir es übertreiben, wenn wir uns selbst dabei verlieren.

Es ist durchaus wichtig, zu merken, wenn andere wegen irgendetwas wütend oder ärgerlich auf uns sind. Oder wenn etwas, was im Kontakt mit ihnen passiert, nicht gerade Glücksgefühle in ihnen weckt …

Andererseits gilt es diese Sensibilität nicht in die Erwartung zu verkehren, dass andere sich prinzipiell über uns aufregen oder es auf uns abgesehen haben …

Der Reifungsprozess des alten Säugetiergehirns: der Sitz der Gefühle

Wir erleben die Prozesse, die in unserem limbischen System ablaufen, als *Gefühle* und *Stimmungen* sowie in Form von *Bedeutungen* und *Erwartungen* rund um das Miteinander mit anderen. All diese Erfahrungen und allein schon die Fähigkeit, überhaupt Gefühle zu haben, hängen davon ab, was das limbisch-emotionale Areal im Kontakt mit den Eltern und später anderen Menschen gelernt hat. Die Entwicklung dieses Areals beginnt etwa mit drei Monaten. Vollständig aktiv ist es dann etwa im Alter von acht bis zehn Monaten. Im Laufe dieser Zeit lernen Babys, ihre Gefühle und Erwartungen mit den Erwachsenen in ihrem Umfeld zu koordinieren. Was hier an Einstimmung erlernt wird, ist ein Grundbaustein, den wir für den gesamten Rest unseres Lebens benutzen und weiterentwickeln. Dieser Einstimmungsprozess soll hier wieder in drei Reifeschritte untergliedert werden.

Erster Schritt: Mit etwa drei Monaten entwickelt sich eine neuronale Verbindung zwischen dem Gesicht des Säuglings und dem Vagusnerv, der bei der Regulierung innerer Organe beteiligt ist und unser 'Bauchgefühl' hervorruft. Wenn sich in der Mimik der Eltern (oder erwachsenen Bezugspersonen) ebenfalls nuancierte Emotionen ausdrücken, die mit ihrem Bauchgefühl in Verbindung stehen, können sie und das Kind ihre autonome Synchronisation weiter ausbauen und sich auf der limbisch-emotionalen Ebene aufeinander einstimmen.

Das Kind kann jetzt über seinen Gesichtsausdruck zunehmend Emotionen wie etwa Freude, Überraschung, gespannte Erwartung, Wut, Angst und Traurigkeit zeigen. Die Eltern sollten sich dabei in das Kind hineinversetzen können, ohne dasselbe zu fühlen wie es. Mit anderen Worten, ohne selbst seelisch in Bedrängnis zu geraten, wenn das Kind schreit und ohne ebenfalls wütend zu werden, wenn das Kind einen Tobsuchtsanfall bekommt.

Zweiter Schritt: In dieser Phase werden bloßes Imitieren und absehbare Reaktionen dem Kind zu langweilig. Stattdessen entwickeln zum Beispiel Mutter und Kind Spiele, bei denen Vorfreude, Spannung und Überraschendes eine Rolle spielen. Hierzu müssen sie sich emotional aufeinander einstimmen, und beide müssen die Aufgabe bewältigen, hin und her zu schalten zwischen Momenten, wo die Aufmerksamkeit auf ihnen selbst ruht und solchen, in denen sie sich auf das Gegenüber konzentrieren. Jetzt ist auch der Zeitpunkt gekommen, wo die *gemeinsame Beschäftigung mit etwas in der Außenwelt oder mit Dritten* möglich wird. Sie entwickeln komplexe Gewohnheiten und Erwartungen rund um ihr Zusammensein. Ab und zu verpassen Eltern oder Kind auch ein bestimmtes Signal, und die Einstimmung aufeinander geht vorübergehend verloren. Doch schon sehr kleine Babys mögen es gar nicht, wenn die Harmonie abhanden kommt, also werden beide Seiten schnell aktiv und stellen sie wieder her. Gerade diese *Wiederherstellung der Einstimmung* ist sehr wichtig, denn durch sie baut sich in Beziehungen Vertrauen auf. Noch in Erwachsenenbeziehungen gilt, dass Vertrauen nicht von reibungslosen Interaktionen abhängt, sondern von unserer Fähigkeit, uns wieder aufeinander einzustimmen, wenn dieser Kontakt abgerissen ist.

Einstimmung   … und Kontaktverlust …

Wiederherstellung des Kontakts …   … und erneute Einstimmung

Dritter Schritt: Mit der Zeit hat das Kind ein breites Repertoire an Interaktionsgewohnheiten aufgebaut und herausgefunden, wie es sich beim Zusammensein mit seinen Eltern in den unterschiedlichsten Situationen verhalten kann. Nach und nach entwirft es aufgrund seiner Erfahrungen mit den primären Bezugspersonen eine mentale Landkarte zum Thema Kontakt mit anderen. Es entsteht ein bestimmtes Bindungsmuster, das bei Kleinkindern im Alter von 12-18 Monaten am deutlichsten in Erscheinung tritt. Dieses Muster wird zur Grundlage sämtlicher Beziehungen in unserem späteren Leben. Irgendwann identifizieren wir uns so sehr mit unseren Interaktionen, dass wir weniger das Gefühl haben, uns anderen gegenüber auf eine bestimmte Weise zu *verhalten*, sondern uns eher sagen: 'So bin ich eben' oder 'so läuft das'. Hier einige der wichtigsten Bindungsmuster sowie typische Formen von Interaktion, die oft auslösend für sie sind. Wir beginnen bei den unsicheren Bindungsmustern und kommen dann zur sicheren Bindung.

Bei einer *unsicher-vermeidenden* Bindung macht das Kind die Erfahrung, dass seine Eltern es vielleicht beim Erkunden der Welt unterstützen, sich aber unangenehm berührt oder unsicher zeigen, wenn das Kind ihre Nähe sucht. Dieses Kind wird sich daran gewöhnen, alleine zurecht zu kommen.

Ein Kind mit einer *unsicher-ambivalenten* Bindung macht die Erfahrung, dass seine Eltern sowohl Unbehagen oder Unsicherheit zeigen, wenn es die Welt erkundet, als auch dann, wenn es ihre Nähe sucht. Dieses Kind gewöhnt sich an heftige, widersprüchliche Gefühle – schmusen und Mama oder Papa gleichzeitig wegstoßen zu wollen; Trost zu suchen und Mama oder Papa gleichzeitig zu hauen.

Ein Kind mit *unsicher-abhängiger* Bindung erlebt an seinen Eltern meist Unsicherheit und Angst, wenn es sich der Welt da draußen zuwendet. In solchen Situationen erhält es Signale, wieder zurückzukommen. Dementsprechend entwickelt das Kind einen Hang zu Ängstlichkeit und Anklammern.

Ein Kind mit *unsicher-desorganisierter* Bindung erlebt seine Eltern als völlig unberechenbar und zwischen Unzugänglichkeit, Wutausbrüchen, Angst, Freundlichkeit und Hilflosigkeit hin und her schwankend. Ein solches Kind gewöhnt sich an, selbst zu bestimmen, was an Kontakt stattfindet. Wo dies nicht funktioniert, reagiert es mit den im Reptiliengehirn angesiedelten Überlebensreflexen: Kämpfen, Fliehen oder Erstarren (Totstellreflex).

Das Kind mit sicherer Bindung macht die Erfahrung, dass die Eltern es darin unterstützen, die Welt zu erkunden, dass aber auch sein Bedürfnis nach Nähe willkommen ist. Dieses Kind gewöhnt sich daran, sich sicher und geborgen zu fühlen, wenn es sich alleine beschäftigt und gleichzeitig auch Nähe zu suchen, wenn ihm danach ist.

Orientierung in Entwicklungsprozessen mit Hilfe des limbischen Kompasses

Während der Zeit seines Heranreifens hat das Kind zahllose emotionale Erfahrungen mit Kontakt gemacht. Auf dieser Grundlage entstehen Gewohnheiten und Erwartungen im Hinblick auf das, was im Kontakt mit anderen geschieht. Bei älteren Kindern und Erwachsenen ist aus diesen Gewohnheiten und Erwartungen eine – größtenteils unterbewusste – Beziehungslandkarte entstanden.

Die beiden Achsen des limbisch-emotionalen Kompasses erlauben uns eine Untersuchung zweier zentraler Aspekte unserer emotionalen Interaktionsfähigkeit. Auf der vertikalen Achse wird die emotionale Qualität (*emotionale Valenz*) der Interaktionen eingeordnet, die zwischen den Polen *positiv* und *negativ* angesiedelt ist. Die horizontale Achse zeigt, worauf primär der Fokus ruht: bei sich selbst oder beim anderen (also zwischen den Polen *ego-* und *alterozentriert*). Damit erhalten wir für das limbische System, den Sitz der Gefühle, vier Quadranten. Unser Fokus kann eher auf *uns selbst* gerichtet sein oder auf *den anderen*, und dieser Fokus kann primär *positive* oder primär *negative* Gefühle und Erwartungen mit sich bringen.

Die Achsen im limbisch-emotionalen Kompass

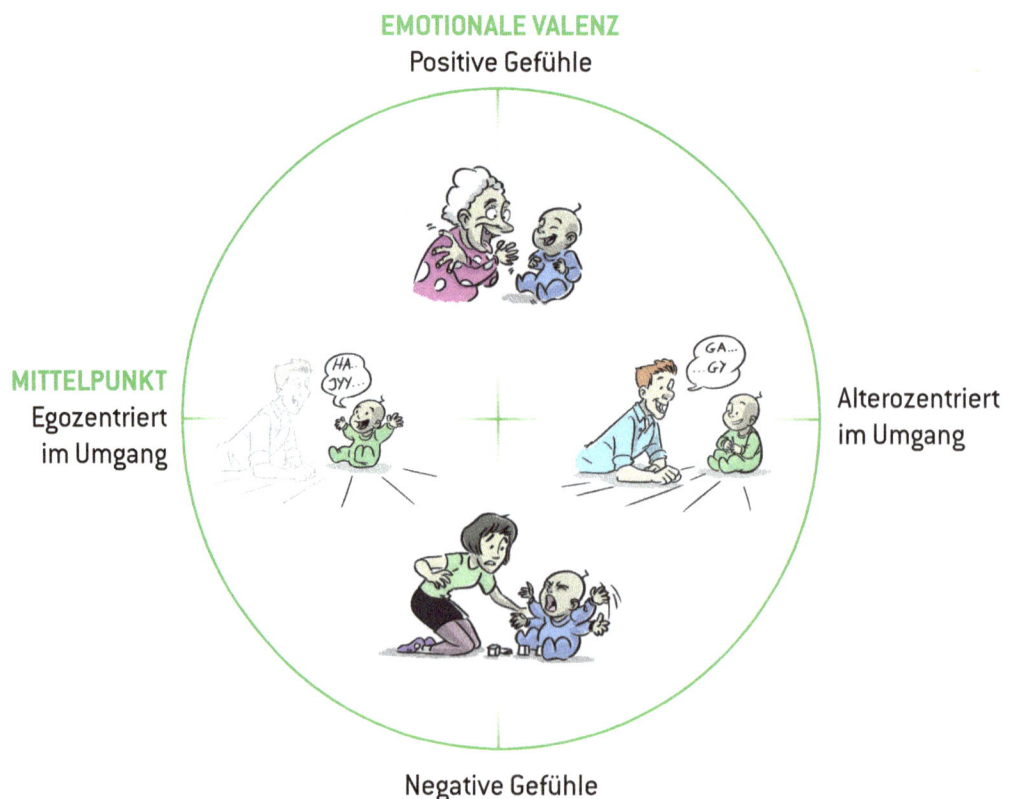

EMOTIONALE VALENZ
Positive Gefühle

MITTELPUNKT
Egozentriert
im Umgang

Alterozentriert
im Umgang

Negative Gefühle

Positive Erfahrungen mit der Welt sind die Basis für ein von Sicherheit geprägtes Weltbild und für positive Erwartungen anderen gegenüber.

Andererseits brauchen wir aber auch gewisse negative Erfahrungen und Erwartungen, damit wir mit schwierigen Situationen umzugehen lernen, ohne uns von unliebsamen Überraschungen und negativen Emotionen aus der Bahn werfen zu lassen.

Der limbische Kompass zeigt gängige emotionale Interaktionserwartungen und -erfahrungen, die den meisten aus dem Alltag bekannt sein dürften. Wie auf der autonomen, der sensorischen Ebene können Konflikte, Traumen oder fehlende Stimulation zu Störungen führen, die die Entstehung eines Gleichgewichts behindern, das uns im Normalzustand hält. Darüber hinaus haben sich diese normalen Reaktionsmuster bei einigen Menschen, Erwachsenen wie Kindern, nicht hinreichend ausgebildet. Die Folge ist, dass sie einen Großteil ihrer Zeit in den Stressmustern gefangen sind, die in den vier Ecken der untenstehenden Grafik angedeutet werden. Es kann vorkommen, dass die Betroffenen Hilfe brauchen, die gesunden Zustände im Kompassinneren zu erlernen beziehungsweise wiederzuerlangen.

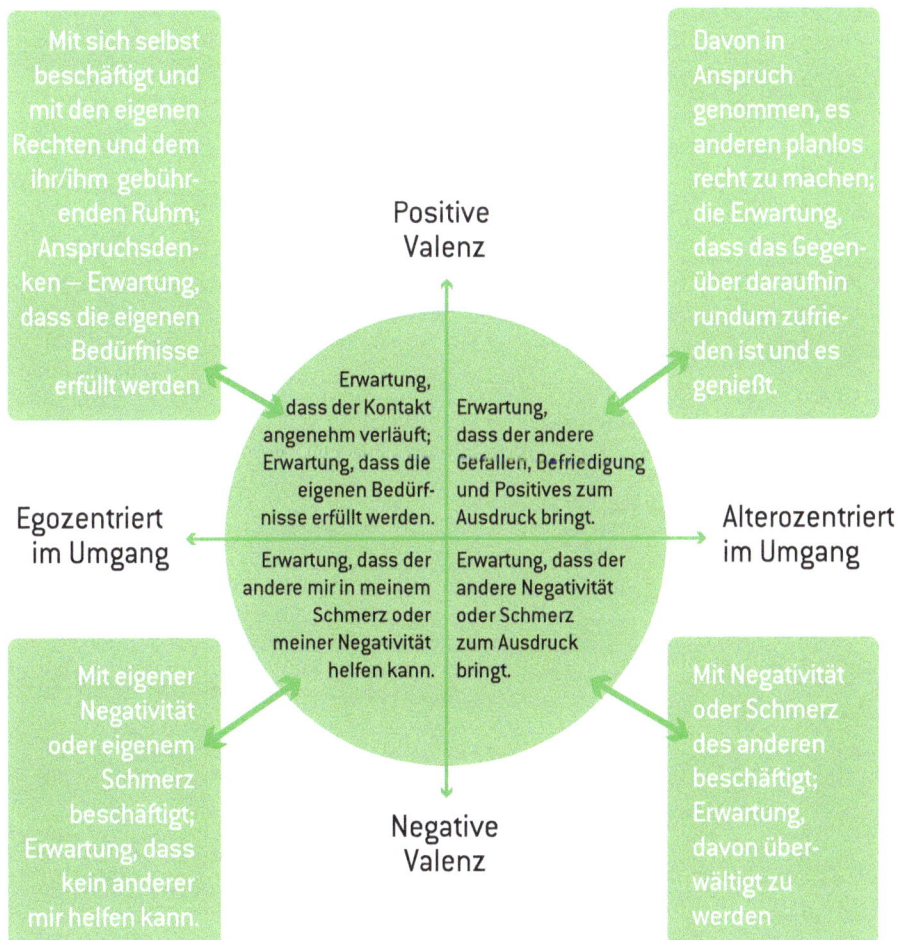

Mit sich selbst beschäftigt und mit den eigenen Rechten und dem ihr/ihm gebührenden Ruhm; Anspruchsdenken – Erwartung, dass die eigenen Bedürfnisse erfüllt werden

Davon in Anspruch genommen, es anderen planlos recht zu machen; die Erwartung, dass das Gegenüber daraufhin rundum zufrieden ist und es genießt.

Positive Valenz

Erwartung, dass der Kontakt angenehm verläuft; Erwartung, dass die eigenen Bedürfnisse erfüllt werden.

Erwartung, dass der andere Gefallen, Befriedigung und Positives zum Ausdruck bringt.

Egozentriert im Umgang

Alterozentriert im Umgang

Erwartung, dass der andere mir in meinem Schmerz oder meiner Negativität helfen kann.

Erwartung, dass der andere Negativität oder Schmerz zum Ausdruck bringt.

Mit eigener Negativität oder eigenem Schmerz beschäftigt; Erwartung, dass kein anderer mir helfen kann.

Mit Negativität oder Schmerz des anderen beschäftigt; Erwartung, davon überwältigt zu werden

Negative Valenz

Emotionale Erfahrungen und Erwartungen im limbischen Kompass

Positive Valenz

Egozentriert im Umgang

Negative Valenz

Positive
Valenz

Alterozentriert im Umgang

Negative
Valenz

Emotionale Einstimmung: Die zwischenmenschliche 'Chemie' und unsere Interaktionsgewohnheiten

Spüren und Fühlen spielen für unsere *Bindungsfähigkeit*, für das Treffen von Entscheidungen und dafür, Sinn und Bedeutungen im Leben zu erfassen, eine zentrale Rolle. Ebenso wie die autonomen körperlichen Empfindungen lassen sich unsere Gefühle nicht steuern, da sie im Unterbewusstsein entstehen. Wenn wir unsere Gefühle näher kennenlernen, können wir ergründen, welche Faktoren sie ausgleichen und welche sie intensivieren. Und wir bringen in Erfahrung, welche Formen von Kontakt und Einstimmung dazu beitragen, ein ausgewogeneres und reiferes Gefühlsrepertoire zu entwickeln. Analog zur autonom-sensorischen Ebene müssen wir mit unseren eigenen Gewohnheiten und Ausdrucksformen in Sachen limbisch-emotionale Ebene vertraut sein, bevor wir hoffen können, anderen bei entsprechenden Erkundungen oder Entwicklungen zu helfen.

Wer auf der limbischen Ebene, also der Ebene der Gefühle, mehr über sich herausfinden möchte, kann untersuchen, wo im limbischen Kompass er sich überwiegend einordnen würde. Welche der im Kompass umrissenen Zustände sind Ihnen am vertrautesten?

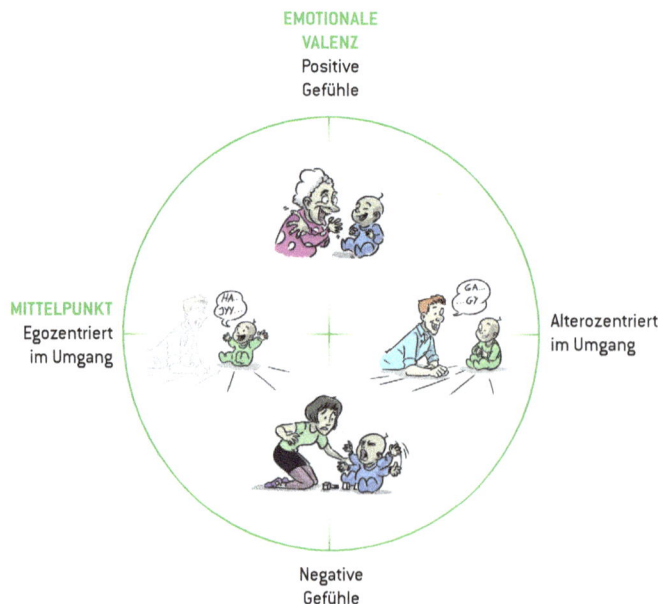

EMOTIONALE
VALENZ
Positive
Gefühle

MITTELPUNKT
Egozentriert
im Umgang

Alterozentriert
im Umgang

Negative
Gefühle

Wer das Ganze systematischer angehen möchte, kann auch Achse für Achse näher betrachten. Zum Beispiel eine bestimmte Situation untersuchen und überlegen, welche limbischen Funktionen dabei präsent waren und ob bestimmte limbische Funktionen fehlten. Standen eher die eigenen Bedürfnisse im Mittelpunkt oder die des Gegenübers? War das Grundgefühl oder die Grundstimmung dabei positiv oder negativ? Wie war die Situation emotional besetzt? Welches Gefühl war damit verbunden? Wie teilte sich dieses Gefühl Ihnen mit in dem, was Sie sahen, hörten oder spürten?

Limbisch-emotionale Prozesse:

Hier einige Fragen als Reflexionsgrundlage für das Unterfangen, den limbisch-emotionalen Kompass näher auszuloten:

1. Welche Gefühle habe ich im emotionalen Kontakt wahrgenommen? (emotionale Valenz)

2. Lag mein Fokus eher bei mir selbst, eher beim anderen – oder waren wir gemeinsam mit etwas Drittem oder einem Dritten beschäftigt? (Mittelpunkt)

3. Welche 'Musik' prägte unser Zusammensein?

4. Wie lief unsere Einstimmung aufeinander?

5. Gab es Fälle von missglückter Einstimmung, und – wenn ja – gelang es für mein Gefühl, solche Fehlschläge wieder gutzumachen?

6. Stehen diese Erfahrungen mit irgendeinem gewohnheitsmäßigen Verhalten oder einer gewohnheitsmäßigen Rolle von mir in Verbindung?

7. Wo läge, wenn ich an diesem Zustand etwas ändern will, hier die proximale Entwicklungszone – welche kleine Veränderung käme in Betracht?

KAPITEL 6
Das Primatengehirn und unser präfrontaler Kortex

Das Primatengehirn besteht aus dem Kortex, also der Hirnrinde (äußere Schicht), und dem unmittelbar hinter der Stirn gelegenen präfrontalen Kortex – eine Hirnregion, die sich im Vergleich zu anderen erst in jüngerer Zeit entwickelte. Der präfrontale Kortex ist der Hauptsitz des rationalen Denkens, des Vorstellungsvermögens, der Reflexion und des bewussten Planens. Diese Fähigkeiten sind entscheidend für unser Selbstgewahrsein, unsere Wahrnehmung von Zusammenhängen sowie unser Kooperationsvermögen, für Teamarbeit und den Umgang mit komplexen sozialen Gefügen sowie dafür, uns selbst und andere verstehen zu können. Diese komplexen sozialen Fähigkeiten und Leistungen auf der Ebene der Persönlichkeit sind scheinbar erst in den letzten 4-5 Millionen Jahren entstanden und entwickeln sich auch heute noch weiter.

Im Mittelpunkt der Auseinandersetzung mit der Persönlichkeitsentwicklung aus neuroaffektiver Sicht steht die so genannte *Mentalisierungsfähigkeit*. Hierbei geht es um Denkvorgänge, die uns erlauben, uns selbst und unser Gegenüber zu verstehen. Dementsprechend beschreiben wir die Region des präfrontalen Kortex als rationales und für die Mentalisierung zuständiges Areal. Das Mentalisierungsvermögen durchläuft bei seiner Entwicklung verschiedene Stadien. Auf der elementarsten Ebene erlaubt es, dass unsere innere Bindung an Menschen, die in unserem Leben wichtig sind, auch in deren Abwesenheit aufrechterhalten wird. Unser Gewahrsein, dass andere um uns herum wichtig sind und unser dringendes Bedürfnis, im Einklang mit ihnen zu sein, ist zentral für die natürliche Entwicklung von Selbstkontrolle und die Entstehung der Fähigkeit, eigene Bedürfnisse zu zügeln. Soziale Integration steht und fällt damit, dass wir es gelegentlich unterlassen, etwas zu tun, was wir eigentlich am liebsten tun würden, und uns dann wiederum einen Ruck geben, bestimmte Dinge zu tun, obwohl uns partout nicht danach ist. Außerdem müssen wir ermitteln können, auf welchen Bedürfnissen und Dingen es anderen gegenüber für uns zu beharren gilt. In Verbindung mit der zunehmend differenzierten Selbstkontrolle, die wir erlernen, können wir reifere Ebenen präfrontaler Mentalisierung entwickeln und beginnen, 'uns selbst von außen zu sehen', unsere Entscheidungen an der Realität zu überprüfen und zu reflektieren, wie sie unsere Erfahrungen bestimmen. Auf den folgenden Seiten betrachten wir die wichtigsten präfrontalen Mentalisierungserfahrungen sowie die Entwicklungsstadien, mit denen sie in Verbindung stehen.

Wir Menschen lernen, eigene Impulse zu hemmen, indem eine innere Stimme uns „NEIN, lass das!" sagt, oder – in der frühesten Form – indem das NEIN von anderen kommt.

Allerdings können wir auch gar zu gut darin werden, uns selbst auszubremsen. Dann stehen wir ständig unter der Fuchtel eines überstrengen, scheltenden und strafenden inneren Richters …

Durch Erziehung müssen wir auch lernen, unsere Willenskraft einzusetzen, um etwas zu tun, obwohl wir keine Lust darauf haben.

Doch man kann es damit auch übertreiben. Dann ist es, als würde ein innerer Sklaventreiber die Peitsche schwingen und uns zwingen, immer noch mehr und noch härter zu arbeiten.

Durch Interaktion mit anderen lernen wir, Situationen mit den Augen anderer zu betrachten …

… was oft dazu führt, dass wir anderen helfen oder sie aufbauen möchten, wenn sie es brauchen …

oder absehen können, wie jemand vermutlich reagieren wird …

… und auf dieser Grundlage eine kluge Strategie zu wählen.

Unsere gesamte Kindheit hindurch lernen wir außerdem, verbale Sprache zu gebrauchen, um unsere äußere und innere Wirklichkeit zu beschreiben. Sprache erlaubt uns, mentale Bilder und Geschichten über unsere Vergangenheit, unsere Gegenwart und unsere Zukunftsvorstellungen entstehen zu lassen sowie anderen von unserem Leben und dem, was uns interessiert, zu erzählen.

Unsere Bilder und Geschichten werden ein wichtiger Bestandteil unseres Identitätsgefühls …

… weshalb ein kleiner Realitäts-Check hin und wieder nicht schaden kann.

Wenn wir mit anderen in Konflikte geraten, …

können wir auf unser Mentalisierungsvermögen zurückgreifen, um aufkeimende Impulse zu hemmen, uns abzuschotten oder zu verteidigen …

… und uns die Position des anderen anzuhören.

Dies erlaubt uns, eine Situation aus mehr als einem Blickwinkel zu betrachten und dazuzulernen. Und uns vielleicht sogar köstlich zu amüsieren statt zu streiten.

Leider können wir Sprache und Reflexion aber auch dazu einsetzen, uns in endlosen Rationalisierungen dafür zu ergehen, warum es nicht angesagt ist, Dinge zu tun, die uns Spaß machen – was soweit gehen kann, dass wir uns vom Kontakt mit unseren Gefühlen abschneiden, vor allem von jeglicher Freude …

… Oder wir verlieren uns in ebenso endlosen rationalen Begründungen, warum wir uns auch noch zu der x-ten ach-so-gesunden oder vernünftigen Aktivität antreiben. Dabei verlieren wir den Kontakt mit unseren weicheren Seiten und den empathischen Kontakt mit anderen.

Dann aber, wenn wir eine offene, reflektierende Haltung einnehmen und unsere vielen Gedanken und Worte zur Ruhe kommen können, entdecken wir vielleicht jene hellwache, wortlose und milde innere Präsenz, die auch 'Achtsamkeit' genannt wird.

Der Reifungsprozess des Primatengehirns: der präfrontale Kortex als Sitz der Mentalisierung

Wir erleben Prozesse im präfrontalen Kortex als *Gedanken, Impulskontrolle, Entscheidungen, Selbst- und Weltbilder, Reflexionen* und Zustände der *Achtsamkeit*. Außerdem machen wir von frühester Kindheit an und unser ganzes späteres Leben hindurch immer wieder die Erfahrung, sowohl mit anderen verbundene als auch eigenständige Wesen zu sein. Dieses Wechselspiel erlaubt uns, unsere Fähigkeit zu *Empathie* und *Mitgefühl* zu entwickeln. Einige dieser mentalen Prozesse laufen über Sprache ab, während andere sich als geistige Bilder, als Gefühle oder ein implizites Körperwissen äußern. Die normale Entwicklung dieser mentalen Prozesse steht und fällt mit den Interaktionen des Kindes mit den beiden Eltern und mit anderen Erwachsenen und Kindern. Der präfrontale Kortex wird mitunter als 'Zivilisationsorgan' betitelt. Die mit ihm verbundenen Fähigkeiten zur Sozialisation und willentlichen Kontrolle treten etwa im Alter von zehn bis zwölf Monaten erstmals zutage und durchlaufen danach einen Reifungsprozess, der mehr als zwanzig Jahre weitergeht. Um einen kurzen Überblick über diesen Prozess zu vermitteln, betrachten wir uns noch einmal die drei Hauptstadien der Entwicklung von Selbstkontrolle und Mentalisierung.

Erster Schritt: Etwa im Alter von neun Monaten entsteht eine Verknüpfung zwischen dem präfrontalen Kortex und den limbischen sowie autonomen Impulsen, was das Kind in die Lage versetzt, seine eigenen Wünsche regulieren zu können und bei seinem Handeln Rücksicht auf andere zu nehmen. Zur gleichen Zeit entstehen erste einfache *mentale Bilder* von sich selbst und anderen.

In dieser Phase schafft es das Kind, sich selbst zu bremsen, wenn die Eltern „Nein, stopp!" sagen,

… auch wenn dies oft mit Scham, Wut oder einem Gefühl der Niederlage verbunden ist …

… so dass das Kind getröstet werden muss, um es dann wieder auf etwas abzulenken, das es schon beherrscht, so dass es Lob einheimsen und stolz auf sich sein kann.

Zweiter Schritt: Etwa mit drei oder vier Jahren explodiert der kindliche Spracherwerb regelrecht. Das Kind verfügt nun über ein reiches Innenleben, in dem Körperempfindungen, Gefühle und Gedanken miteinander verbunden sind. In diesem Stadium versteht das Kind, dass andere Kinder und Erwachsene eine Situation anders erleben können als es selbst. Diese Erkenntnis weckt Interesse an anderen und ermöglicht fürsorgliches Gebaren, lässt sich aber auch dazu einsetzen, diesen Streiche zu spielen, etwa die Streichhölzer in der Streichholzschachtel durch Steinchen zu ersetzen. Das Kind denkt sich jetzt auch Geschichten zu seinem Alltag aus, was es bei der Entwicklung seiner Identität unterstützt:

Das Kind mag felsenfest davon überzeugt sein, dass es eine neue Aktivität nicht mögen wird …

… probiert sie aber mit der liebevollen Hilfe seiner Eltern dennoch aus und entdeckt, dass sie 'der Knaller' ist.

Vor lauter Freude und Siegesgefühlen sieht das Kind sich vielleicht schon als Weltmeister in seiner neu entdeckten Passion …

… also braucht es die Hilfe seiner Eltern dabei, zwischen Phantasie und Wirklichkeit zu unterscheiden und anzuerkennen, was tatsächlich geschehen ist.

Dritter Schritt: Etwa mit sieben oder acht Jahren ist das Kind in der Lage, zwischen seinem idealen Selbstbild und seiner realen Identität zu unterscheiden. Zudem entwickelt es die stabile Aufmerksamkeitsspanne, die schulisches Lernen ermöglicht. Während seiner Schul- und Teenager-jahre nimmt seine Fähigkeit, die eigenen Vorstellungen an der Realität zu überprüfen, ständig zu. Auch sein Weltbild erweitert sich allmählich, um sowohl sein unmittelbares Umfeld als auch den Rest der Welt einzu-beziehen. Das Kind entwickelt die Fähigkeit, eine Situation aus mehreren Blickwinkeln zu betrachten und beginnt seine eigene Wahrnehmung von Situationen und die Perspektive anderer mit neuen Augen zu sehen Dies wiederum verbessert sein Verständnis davon, warum einige Begegnun-gen in Freude und Freundschaft münden, andere dagegen in Streit und Feindseligkeiten.

Teenager lernen nach und nach, langfristige Ziele dazu zu benut-zen, eigene Impulse und Bedürfnisse zu zügeln, etwa, indem sie für ihren Urlaub sparen …

… oder für eine Klassen-arbeit oder Prüfung ler-nen, um gute Noten und die gewünschte Lehr-stelle oder einen Studi-enplatz zu bekommen.

Orientierung in Entwicklungsprozessen mit Hilfe des präfrontalen Kompasses

In Kindheit und Jugend entwickeln wir die Fähigkeit zur willentlichen Selbstregulierung. Wir lernen, eigene Bedürfnisse gegen die anderer abzuwägen und diese samt unseren Impulsen unter Einsatz unserer Willenskraft zu kontrollieren sowie fundamentale moralische Prinzipien, Regeln und Normen einzuhalten und über unsere eigenen Gefühle und die anderer zu reflektieren. All diese Fähigkeiten sind entscheidend für die Entwicklung reifer Beziehungen und ein zivilisiertes Miteinander mit den Nachbarn von nebenan, mit Klassenkameraden, Mitstudierenden, Kolleginnen und unseren Mitmenschen im globalen Kontext. Präfrontale Fähigkeiten zur Steuerung unserer Bedürfnisse und Impulse sowie unsere Mentalisierungsfähigkeit bilden die beiden Achsen des präfrontalen Kompasses: die *Mentalisierungsachse* mit den Polen *geringes* kontra *hohes Reflexionsvermögen*, und die *Bedürfniskontrollachse* zwischen den Polen *Impulshemmung* und *Impulsaktivierung*. Damit entstehen vier Erfahrungsquadranten im präfrontalen Kompass, wo wir überlegen und entscheiden, was wir tun oder nicht tun, basierend auf automatisierten moralischen Regeln oder Reflexionen und Überlegungen zu dem, was in unserem eigenen besten Interesse und dem anderer ist. Obwohl Reflexionen automatisch ablaufenden Reaktionen überlegen scheinen, ist ein wirksamer 'Autopilot' in den meisten Situationen ebenso wichtig wie Reflexion.

Die Achsen des präfrontalen Kompasses

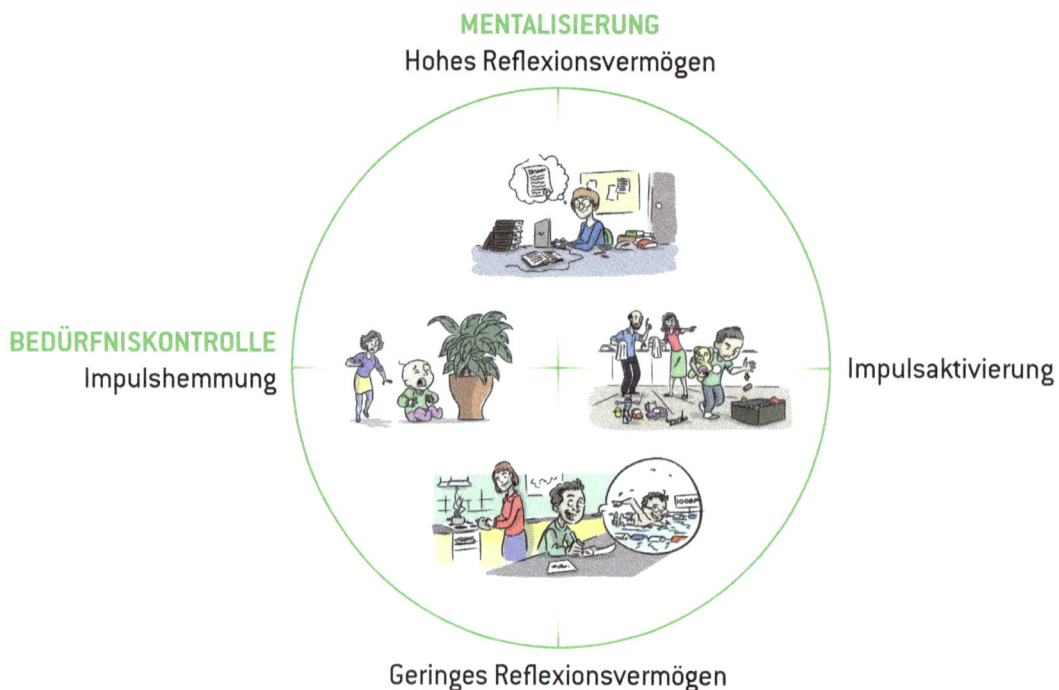

MENTALISIERUNG
Hohes Reflexionsvermögen

BEDÜRFNISKONTROLLE
Impulshemmung

Impulsaktivierung

Geringes Reflexionsvermögen

Nachfolgend findet sich eine stichwortartige Beschreibung der Reaktionsmuster, während die umseitige Illustration die Hauptmuster in Bildern darstellt.

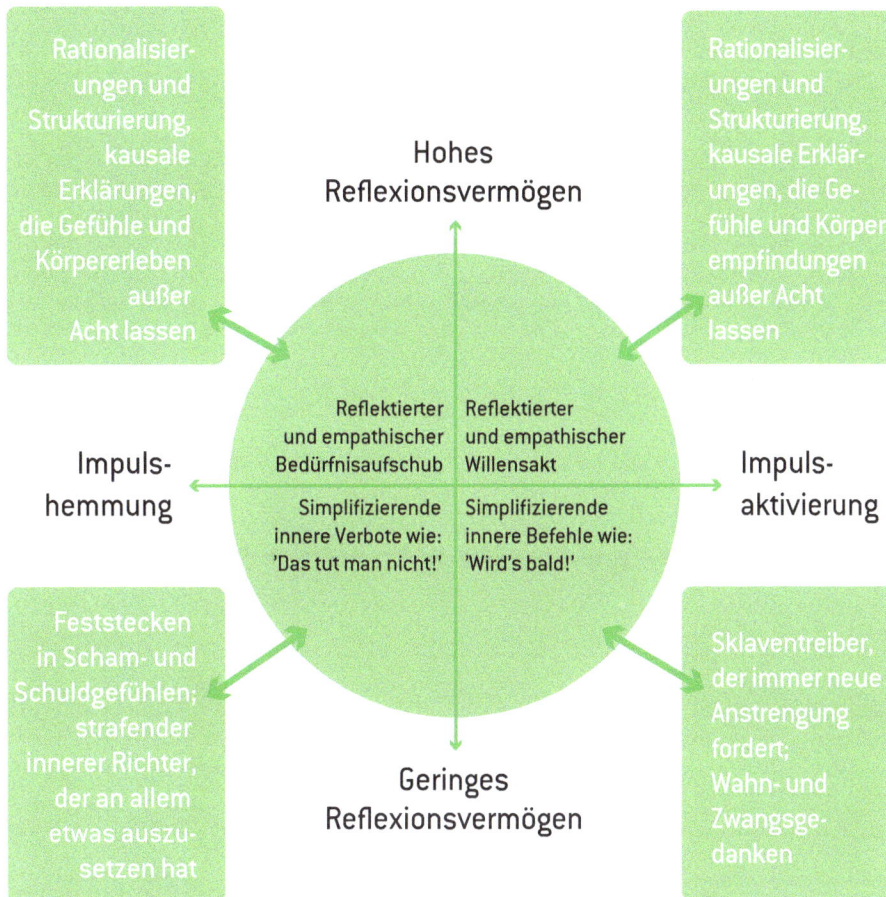

Rationalisierungen und Strukturierung, kausale Erklärungen, die Gefühle und Körpererleben außer Acht lassen

Rationalisierungen und Strukturierung, kausale Erklärungen, die Gefühle und Körperempfindungen außer Acht lassen

Hohes Reflexionsvermögen

Impuls-hemmung

Reflektierter und empathischer Bedürfnisaufschub

Reflektierter und empathischer Willensakt

Simplifizierende innere Verbote wie: 'Das tut man nicht!'

Simplifizierende innere Befehle wie: 'Wird's bald!'

Impuls-aktivierung

Feststecken in Scham- und Schuldgefühlen; strafender innerer Richter, der an allem etwas auszusetzen hat

Sklaventreiber, der immer neue Anstrengung fordert; Wahn- und Zwangsgedanken

Geringes Reflexionsvermögen

Der obige Kompass beschreibt zentrale präfrontale Erfahrungen willentlicher Regulierung. Gesunde Erfahrungen finden sich im Kompassinneren und Stressreaktionen in den Ecken. Der präfrontale Kompasskreis stellt gängige Formen von Regulation dar, die den meisten aus ihrem Alltag bekannt sind. Wie auf den früheren Ebenen können Konflikte, Traumen oder fehlende Stimulation zu Störungen führen, die unsere Fähigkeit zu einem ausgewogenen Normalzustand beeinträchtigen. Des Weiteren haben einige Erwachsene und Kinder diese gängigen Reaktionsmuster nicht entwickelt Dementsprechend verbringen sie einen erheblichen Teil ihrer Zeit damit, in den Stressmustern festzustecken, die in den rechteckigen Feldern der Grafik umrissen werden. Kinder wie auch Erwachsene brauchen gegebenenfalls Hilfe dabei, die gesunden Zustände im Kompassinneren zu erreichen oder wiederzuerlangen.

Mentale Prozesse im präfrontalen Kompass

Hohes Reflexions-vermögen

Impulshemmung

Geringes Reflexions-vermögen

Hohes Reflexions-vermögen

Impulsaktivierung

Geringes Reflexions-vermögen

Das dialogische Prinzip bei der Mentalisierung: Selbstbild, Erleben anderer und Reflexion

Es ist durchaus wichtig, automatisch bestimmte Grundannahmen und Wertungen abrufen zu können, die zu unserem sozialen Kontext und unserer Kultur passen. Schließlich sind sie Voraussetzung dafür, dazuzugehören und erleichtern das Miteinander. Obwohl uns im Laufe eines Tages jede Menge bewusster Gedanken durch den Kopf gehen, findet nicht unbedingt eine Mentalisierung statt. Vielmehr sind diese Gedanken von stillschweigend vorausgesetzten und meist unbewussten Prämissen geprägt. Präfrontale Mentalisierung beinhaltet ein reflektierendes Nachdenken über grundlegende Dinge, die wir im Hinblick auf uns selbst und andere voraussetzen.

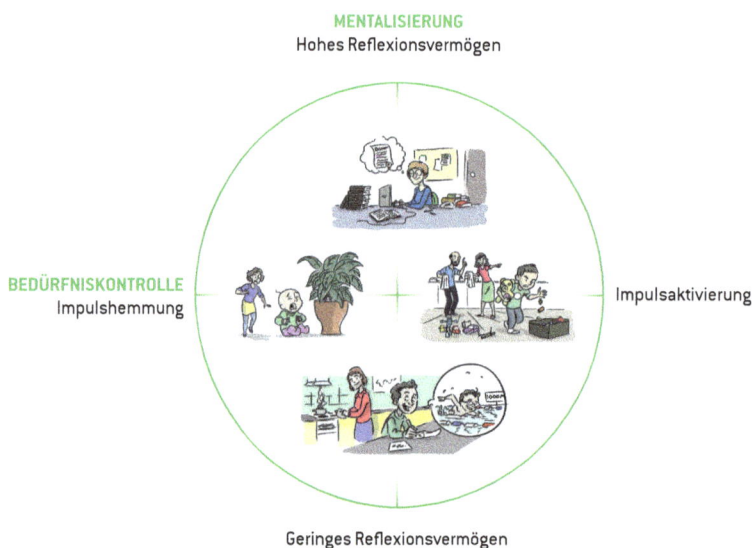

MENTALISIERUNG
Hohes Reflexionsvermögen

BEDÜRFNISKONTROLLE
Impulshemmung

Impulsaktivierung

Geringes Reflexionsvermögen

Die von uns verinnerlichten 'Spielregeln' wie auch unsere Reflexionen sind etwas, das wir im Dialog mit anderen erwerben und später im inneren Dialog mit uns selbst weiterentwickeln. Wie auch bei den vorherigen Ebenen, heißt es unsere eigenen Muster in Sachen Reflexion und willentlicher Regulierung näher zu erkunden, bevor wir versuchen, andere bei der Arbeit an ihren diesbezüglichen Mustern zu unterstützen. Um diese Muster für sich näher zu untersuchen, können Sie sich wie in Verbindung mit der autonomen und der limbischen Ebene entweder eine konkrete Situation vornehmen oder von einem allgemeinen Eindruck ausgehen.

Präfrontale Mentalisierungsprozesse:

Zur näheren Erkundung des eigenen Mentalisierungsprozesses können Sie darüber reflektieren, wo in dem großen Kompassmodell auf der Doppelseite Sie sich überwiegend aufhalten. Möglich ist auch ein systematischeres Vorgehen, bei dem Sie sich über die Achsen im kleinen Kompass auf der gegenüberliegenden Seite vorarbeiten oder über die nachfolgenden Fragen reflektieren:

1. Wie gut ist es mir gelungen, unangemessene Impulse zu hemmen und notwendige, aber vielleicht unangenehme oder unattraktive Aufgaben durchzuführen? (Impulskontrolle)

2. War bei der Kontrolle meiner Bedürfnisse der innere Richter aktiv, oder war sie das Produkt empathischer Reflexion?

3. Sind meine mentalen Bilder und die Geschichten, die ich mir selbst und anderen über mein Leben erzähle, simpel oder komplex? (Mentalisierung)

4. Habe ich meine Vorstellungen an der Realität überprüft? (Mentalisierung)

5. Kann ich Situationen aus der Warte eines anderen sehen? (Mentalisierung)

6. Habe ich etwas Neues entdeckt? (Mentalisierung)

7. Wenn ich an diesem Zustand etwas ändern möchte: was bietet sich als nächstmögliche Handlungsmöglichkeit an (proximale Entwicklungszone)? Welchen ersten Schritt oder welche kleine Veränderung könnte ich für mich näher ausloten?

Fazit

Nun haben wir anhand der neuroaffektiven Kompasse den ersten Entwicklungsschub – den der neuroaffektiven Persönlichkeitsentwicklung – veranschaulicht und bereits einen kurzen Blick auf das mit dem zweiten Entwicklungsschub entstehende Mentalisierungsvermögen geworfen. Der erste Entwicklungsschub beginnt in den letzten Monaten im Mutterleib und reicht bis zum Alter von zwei Jahren. Der zweite Entwicklungsschub beginnt mit zwei Jahren und setzt sich bis Anfang zwanzig fort. Danach kommt noch ein dritter Entwicklungsschub, der sich über unser restliches Leben erstreckt.

Erster Schub …   Zweiter Schub …   Dritter Schub …

Damit sind wir am Ende dieser Reise angekommen. Für mich ist es ein lohnendes und spannendes Unterfangen gewesen, diese Theorie zu den Grundlagen der Persönlichkeitsentwicklung in Wort und Bild darzulegen. Ich hoffe, dass Sie meine Freude daran teilen konnten und dass Ihnen mit Blick auf die neuroaffektive Perspektive so manches Licht aufgegangen ist – auf der verbalen wie auch der nonverbalen Ebene.

Literaturhinweise

Im Mittelpunkt dieses Buches sollten nicht Quellen stehen, sondern Bilder. Sollten Sie sich detaillierter für die Theorie und Forschung hinter dieser Landkarte zur neuroaffektiven Entwicklung und den neuroaffektiven Kompassen interessieren, finden Sie mehr dazu in den folgenden Büchern von Susan Hart und Marianne Bentzen.

Zur neuroaffektiven Entwicklung:

Hart, Susan. (2008): Brain, Attachment, Personality: An Introduction to Neuroaffective Development. London: Karnac Books.
Hart, Susan. (2010): The Impact of Attachment. New York: Norton & Co.

Ein Blick auf häufige Wirkfaktoren in der Psychotherapie mit Kindern vor dem Hintergrund der neuroaffektiven Theorie und Kompasse:

Bentzen, Marianne & Hart, Susan. (2015): Windows of Opportunity – a Neuroaffective Approach to Child Psychotherapy. London: Karnac Books.

Weitere Informationen zur Autorin und ihrer Arbeit finden Sie unter www.mariannebentzen.com

www.ingramcontent.com/pod-product-compliance
Lightning Source LLC
Chambersburg PA
CBHW041118280326
41928CB00060B/3457